Umer Rana

Uma porta de entrada para a energia solar

Umer Rana

Uma porta de entrada para a energia solar

Uma abordagem inovadora para resolver o problema da carência energética no Paquistão

ScienciaScripts

Imprint
Any brand names and product names mentioned in this book are subject to trademark, brand or patent protection and are trademarks or registered trademarks of their respective holders. The use of brand names, product names, common names, trade names, product descriptions etc. even without a particular marking in this work is in no way to be construed to mean that such names may be regarded as unrestricted in respect of trademark and brand protection legislation and could thus be used by anyone.

Cover image: www.ingimage.com

This book is a translation from the original published under ISBN 978-3-659-83379-3.

Publisher:
Sciencia Scripts
is a trademark of
Dodo Books Indian Ocean Ltd. and OmniScriptum S.R.L publishing group

120 High Road, East Finchley, London, N2 9ED, United Kingdom
Str. Armeneasca 28/1, office 1, Chisinau MD-2012, Republic of Moldova, Europe
Managing Directors: Ieva Konstantinova, Victoria Ursu
info@omniscriptum.com

Printed at: see last page
ISBN: 978-620-8-39494-3

ÍNDICE DE CONTEÚDOS

Resumo

Apesar de terem sido desenvolvidas muitas alternativas no nosso país para atenuar os efeitos da atual crise energética, nenhuma delas ajuda realmente a aliviar as condições, pelo contrário, tendem a tornar a crise energética mais grave. Além disso, alternativas como uma UPS e um gerador representam uma enorme carga na rede e não são acessíveis a muitas pessoas. Assim, decidimos desenvolver um plano que proporcionasse uma alternativa como um negócio em que não há carga na rede do país e obtemos uma solução que é mais acessível.

Agradecimentos

Dedicamos este projeto aos nossos professores que não só nos ajudaram com conhecimentos técnicos sobre o nosso projeto, mas também nos orientaram na forma de atingir os nossos objectivos e metas relativamente ao nosso projeto.

1. INTRODUÇÃO

Declaração do problema

A quota global da energia solar na quota global de energia do planeta está a aumentar com o tempo e os países que recebem mais sol durante o dia beneficiariam obviamente desta situação.

Eis um gráfico da quota-parte da produção total de energia no planeta.

Produção líquida anual de eletricidade a partir de energias renováveis no mundo

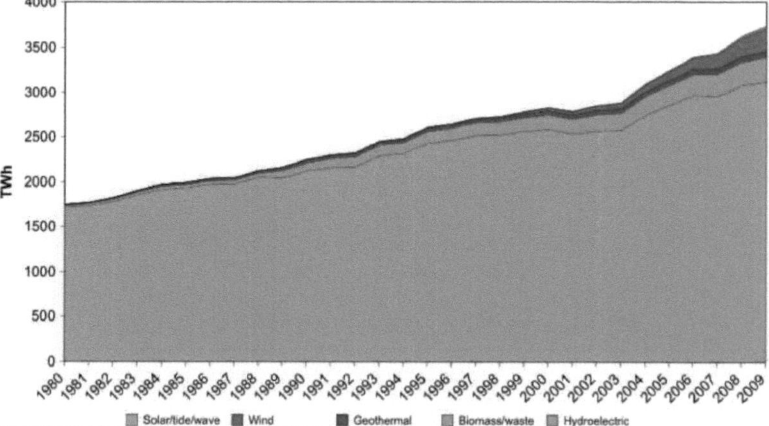

Figura 1: Produção anual de energia a nível mundial

Produção líquida anual de eletricidade no mundo

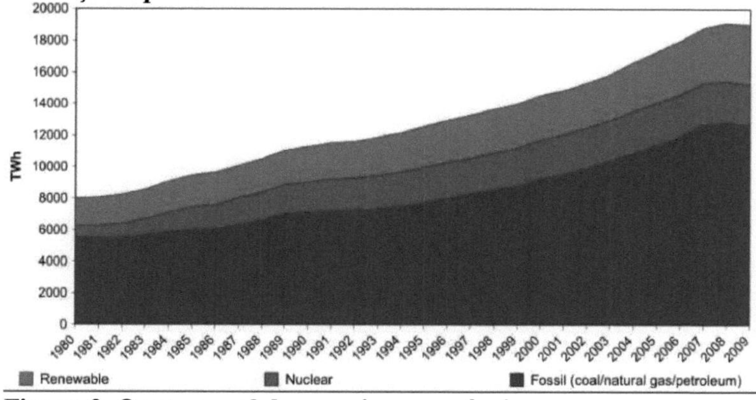

Figura *2:* Quota anual de energias renováveis

Tendo em conta a atual situação de escassez de energia e de apagões no país, muitas soluções têm surgido nos últimos tempos por parte dos consumidores para satisfazer a procura de energia.

Obviamente, a solução a longo prazo passa por o governo colmatar o fosso entre o consumo e a procura de energia, o que só pode acontecer se o problema for seriamente considerado. Tendo em conta os ricos fluxos de água nas zonas do norte do Paquistão, o projeto hidroelétrico parece, à partida, uma escolha tentadora. O seu custo de energia muito baixo e a sua utilização secundária como reservatório de água, para além da central de produção de energia, acrescentam muito peso ao argumento. Quando pensamos nos novos reservatórios de água no Paquistão, os projectos de Kala Bagh e Bashaa vêm-nos à mente.

Infelizmente, Kala Bagh, um projeto tão fabuloso em termos de economia no fornecimento de energia aos consumidores e de armazenamento de água, tem sido miseravelmente politizado.

As cabeças feias dos preconceitos regionais e provinciais levantaram-se contra o projeto. O projeto Bashaa está ainda na sua fase inicial de desenvolvimento. Tendo em conta a queda livre da economia do país, o desenvolvimento do projeto está a sofrer sérias interrupções. Prevê-se que o projeto esteja operacional em 2022. Neste momento, a escassez de energia é de cerca de 25 000 MW. De acordo com a situação atual, com um esforço quase nulo ou mínimo para resolver o problema, estima-se que a escassez possa aumentar para 50 000 MW até à entrada em funcionamento do projeto Bashaa.

Outros planos a curto prazo, centrais eléctricas de aluguer, foram criados sob a ameaça de uma grave corrupção e o Presidente do Supremo Tribunal, o único homem de pé no meio da corrupção, não teve outra opção senão derrubá-los, um a um. Também isso não serviu de nada à crise.

No meio de uma amarga desilusão para a opinião pública por parte da classe política em relação à crise de energia no país, há alguns golpes de brilhantismo que estão a chegar aos desertos de Thar.

O Dr. Samar Mund, que trabalha na combustão do carvão em terra, obteve algum sucesso no seu projeto e algumas pequenas unidades iniciaram a sua produção também em Thar. Também neste caso, a economia em desagregação tem os seus efeitos e a corrupção tem desempenhado o seu papel para travar o processo. Foram notícias fabulosas no que respeita às necessidades futuras, mas, por enquanto, nem mesmo o Dr. Samar tem algo a oferecer para satisfazer as necessidades energéticas do país.

Do mesmo modo, há um grande potencial de energia eólica a ser analisado na zona costeira de Sindh e do Baluchistão. A brisa costeira e marítima na zona continua a soprar a cerca de 45 mph, o que é mais do que suficiente para produzir 50.000 MW de energia. Do mesmo modo, devido ao facto de se situar perto do trópico, o sol derrama uma energia ilimitada sobre o Paquistão. No verão, o dia prolonga-se por cerca de 15 horas e, no inverno, a luz solar dura cerca de 9 horas, o que é mais do que suficiente para utilizar a energia solar de forma eficaz durante todo o ano.

Ambos os esquemas de energia renovável requerem um grande custo de arranque, que está muito para além do alcance dos consumidores. Assim, a solução que resta é utilizar um gerador a gasóleo ou a gás ou uma UPS (fonte de alimentação ininterrupta). Obviamente, estas são as soluções a curto prazo para a crise de energia por parte dos consumidores.

A situação atual de escassez de gás levou o governo a proibir a utilização de geradores a gás, o que deixa os consumidores com apenas duas opções, ou seja, geradores a gasóleo e UPS. Gerir o fornecimento contínuo de gasóleo para o abastecimento do gerador é uma tarefa e tanto, pois a mão de obra gasta muito com isso, o que dificilmente é igualado pela maioria dos utilizadores.

A UPS, por outro lado, não tem quaisquer problemas deste tipo, mas nas áreas onde há um período de apagão próximo das 8 horas, a bateria dificilmente é carregada para satisfazer as necessidades e, por conseguinte, a solução UPS falha miseravelmente nestas áreas. Outra desvantagem da UPS é o desgaste da bateria.

Após a utilização de um ano, a bateria fica quase completamente gasta para continuar a ser utilizada. Assim, há um custo contínuo de substituição da bateria todos os anos, que se junta ao custo de investimento da UPS.

Solução proposta

Assim, no nosso projeto de final de curso, pretendemos elaborar um plano de negócios que satisfaça as necessidades energéticas dos consumidores a um preço acessível e, ao mesmo tempo, suficientemente tentador para que o investidor possa investir nele. Este modelo baseado no investidor será concebido de forma a que o dinheiro investido seja regenerado no terceiro ano para o arranque da empresa.

Será criado um parque solar com o investimento e cada consumidor receberá uma caixa que contém um circuito para investidores com uma garantia inicial de 2000 a 7000 rupias, dependendo do pacote adotado, e estas taxas de registo serão reembolsadas quando o consumidor decidir avançar. Cada consumidor utilizará duas baterias, de modo a devolver a bateria descarregada e ser-lhe-á fornecida uma bateria carregada para utilização.

Na quinta será instalado um enorme circuito de carregamento, que terá numerosos botões de carregamento para carregar muitas baterias de cada vez. As receitas serão geradas pela taxa de recarga cobrada ao consumidor. O plano pretende satisfazer três tipos de necessidades dos utilizadores, em função das necessidades de energia do consumidor.

Pacote 1: Necessidades diárias de energia até 100 W
Pacote 2: Necessidades diárias de energia até 250 W
Pacote 3: Necessidades diárias de energia até 500 W

Obviamente, o custo por recarga das embalagens varia em função da embalagem adoptada. As pilhas deterioram-se ao fim de cerca de dois anos, considerando que cada consumidor utiliza duas pilhas. Assim, no terceiro ano, o lucro será suficientemente deduzido devido ao custo das pilhas novas.

2. ANÁLISE DE MERCADO

Tendo em conta a crise energética que o nosso país enfrenta atualmente, temos de desenvolver novas técnicas para envolver os proprietários de pequenas empresas na ajuda a aliviar a situação, sem deixar de ter lucro.
Neste contexto, estamos a enfrentar a concorrência de diferentes tipos de sistemas de reserva de energia.

- Sistemas solares permanentes (muito caros, mas altamente fiáveis)
- UPS (relativamente barato e muito pouco fiável)
- Geradores (mais baratos para comprar, mas com custos de manutenção muito elevados)

Condições de mercado

Neste momento, o nosso mercado está em declínio, com as pessoas a quererem sistemas de reserva.
Em especial, o mercado dos geradores está quase a entrar em fragmentação, enquanto o mercado das UPS acaba de entrar em declínio. No entanto, o mercado dos sistemas solares domésticos permanentes está em transição.
O futuro da energia solar nos próximos dez anos parece sombrio devido ao seu custo inicial extremamente elevado. Assim, estamos a introduzir uma ideia que elimina este obstáculo da equação.
De qualquer forma, a atual quota de mercado é a seguinte

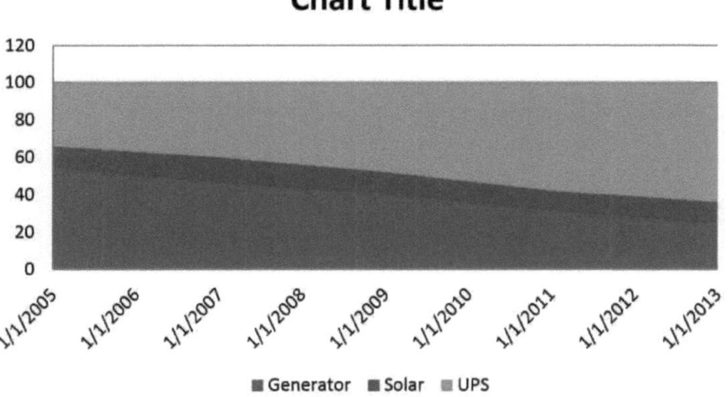

Figura 3: Percentagem de alternativas energéticas no Paquistão

O nosso conceito

Utilizamos um pequeno parque solar propriedade do proprietário da empresa para carregar as baterias com um inversor e fornecê-las aos utilizadores, cobrando dinheiro por cada carga de bateria.

Estas caixas de baterias serão entregues ao cliente mediante a cobrança de taxas de segurança. Deste modo, a energia solar ganha a quota de mercado de que tanto necessita no mercado.

Tendência do mercado

A atual tendência do mercado sugere que, enquanto os geradores estão a sofrer, o mercado das UPS está totalmente amadurecido e desenvolvido.

De qualquer forma, podemos afirmar com confiança que, com o aumento da procura de energia, o mercado dos sistemas de energia de reserva crescerá até 13%, de acordo com "The News".

Concorrentes

Quando se trata de fornecer UPS e energia solar aos nossos concorrentes, verificámos que existiam os seguintes pontos fracos.

Projectos ineficientes

Uma vez que a maioria dos sistemas solares foi desenvolvida por pequenos empresários que têm técnicos, que apenas possuem um diploma, muitos dos problemas são deixados sem controlo. É o mesmo caso com a UPS.

Sem melhorias

O elevado nível de desorganização nas empresas significa que não existe um conceito de feedback do cliente e, consequentemente, os seus projectos não evoluem.

Inatividade dos líderes de mercado

No que diz respeito à UPS, existem algumas organizações bem desenvolvidas, como a Microtech e a Whirlpool, mas há mais de 7 anos que não melhoram os seus projectos. Também no caso dos sistemas solares, embora as concepções técnicas de base estejam a ser melhoradas por empresas como a Xiao Lu CPV e a Akhtar Solar, em geral não estão a oferecer ao cliente novas ofertas viáveis.

Análise comparativa

Quadro 1: Comparação de diferentes alternativas

	Our Project	Solar Power System	UPS	Generator
Efficiency	Medium	Low	Low	High
Initial Cost	Very Low	Very High	Low	Medium
	None (User)	Low	Medium	Very High
Maintenance	Medium	High	Low	Medium
Reliability	>15 years	>15 years	2 years	>6 years
Life Cycle				

Mercado-alvo

O nosso mercado-alvo são as zonas rurais e os edifícios de apartamentos muito congestionados. Em suma, estamos a tentar atingir o custo médio/baixo-médio.

Perspectivas

Considerando todos os factores acima referidos, sabemos que o nosso design pode fazer muita diferença e pode ser um empreendimento empresarial de sucesso se for introduzido no mercado certo.

3. PROCESSO DE PRODUÇÃO

O nosso projeto é, na verdade, um híbrido em que não estamos apenas a fornecer um produto, mas também um serviço, pelo que temos de explicar não só o processo de produção, mas também o sistema de entrega e o atraso.

A fase de produção é bastante simples:

Painéis solares

Os painéis são produzidos industrialmente e terão de ser comprados, mas a sua integração no sistema elétrico tem de ser feita localmente pelo investidor.

Os problemas enfrentados durante esta fase prendem-se principalmente com a fiabilidade dos painéis, ou seja, não é possível distinguir um painel novo de um antigo, a não ser que o utilizemos durante um ou dois dias e verifiquemos a sua eficiência.

Além disso, outro problema é escolher a comparação entre a qualidade e o custo dos painéis, uma vez que o preço pode variar entre 120 e 360 rúpias por watt.

Em suma, para os painéis, não existe uma decisão de "fazer ou comprar", é preciso comprá-los.

Circuito de carga

A segunda parte muito importante do nosso plano é o circuito de carregamento que estamos a utilizar.

Estamos a conceber um circuito de carregamento através do qual podemos canalizar a energia de vários painéis, levando a que uma bateria seja carregada numa hora sem ser danificada.

Neste caso, tínhamos a opção de comprar um simples retificador ou efetuar um carregamento eficiente utilizando um circuito especialmente concebido por nós próprios. Neste caso, optámos por esta última opção, uma vez que o nosso circuito é capaz de suportar muito mais potência e não danifica a bateria.

Neste caso, o problema que enfrentamos foi a aquisição dos componentes, uma vez que o nosso circuito utiliza módulos e circuitos integrados que tiveram de ser importados da América, pelo que tivemos de incorrer num custo muito elevado e num atraso na entrega, mas estes problemas podem ser reduzidos através de uma comunicação adequada numa empresa.

Inversor e bateria

A última parte do nosso projeto consiste num inversor muito pequeno de 100W que foi integrado numa bateria.

Esta é a caixa que temos de apresentar ao cliente. Nós próprios produzimos esta caixa e fornecemos as cargas ao cliente através destas mesmas caixas constituídas por um inversor integrado com uma bateria.

No caso da bateria, o problema era mais uma vez o dilema qualidade vs. custo e, no caso do inversor, devido ao seu tamanho, havia alguns problemas de energia.

Requisitos de recursos

Utilizámos vários recursos no nosso projeto:

Tecnológico

O nosso circuito de carregamento é algo que nos dá uma vantagem em relação a outras UPS e sistemas de carregamento solar, uma vez que é de uma qualidade muito elevada e capaz de lidar com muito
mais potência.

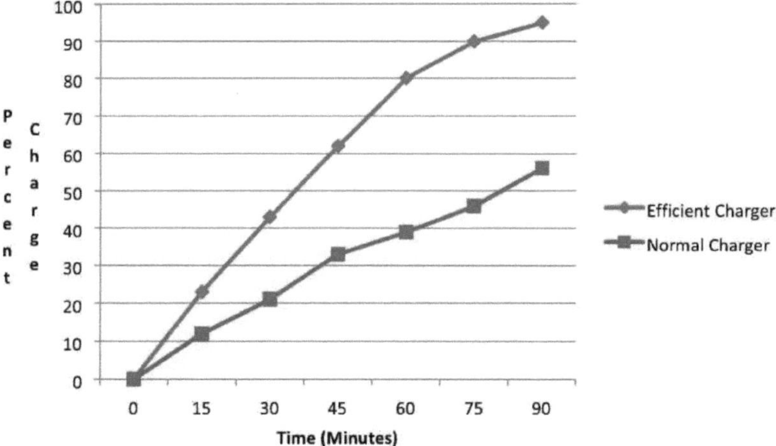

Figura 4: Carregamento em função do tempo

Financeiro

Vamos precisar de um investidor, mas durante a construção do nosso protótipo não tivemos grandes problemas, tendo todo o circuito e a bateria custado cerca de 350 dólares.

Humano

Tínhamos três membros do grupo com uma divisão de trabalho simples: Ahmad estava a tratar do design, Asad do hardware e Umar do plano de negócios propriamente dito.

Para além destes, outros recursos não foram utilizados ou foram-no de forma muito reduzida, pelo que não foram aqui mencionados.

4. GARANTIA DE QUALIDADE

Para garantir a qualidade do nosso projeto, tomámos as seguintes medidas:

- Não estamos a pedir ao nosso cliente que compre o nosso produto, mas apenas a cobrar-lhe uma garantia, pelo que, se não estiver satisfeito, pode devolver o produto sempre que quiser.

- Demos ao cliente/utilizador total autonomia e instruções sobre a forma como utiliza o produto.

- Utilizámos as peças mais fiáveis na nossa fase de produção e, por isso, podemos responder com confiança a quaisquer questões relacionadas com a qualidade.

- O nosso produto beneficia do facto de oferecer algo que não está disponível no mercado e de aliviar as pessoas do corte de energia a um custo relativamente muito baixo.

- A qualidade e o sucesso do nosso projeto serão definidos para a nossa fase de desenvolvimento, uma vez iniciada a atividade. As conclusões sobre a qualidade basear-se-ão exclusivamente no feedback/

Em suma, a nossa empresa manterá a qualidade como a nossa primeira prioridade, mas somos suficientemente flexíveis para oferecer variedade.

5. FASE DE COMERCIALIZAÇÃO

Conceito geral

A descrição do conceito da empresa é orientada para o marketing, transformando-a numa declaração de orientação para o cliente.

No nosso caso, diríamos ao cliente como ele poderia ter eletricidade com o nosso projeto a um preço muito baixo. Também poderíamos destacar a vantagem da segurança, ou seja, o facto de não poderem perder dinheiro com o produto.

Outro passo que pode ser dado é avaliar os recursos que a empresa ou a nova empresa tem ou pode controlar para criar níveis elevados de sensibilização e satisfação dos clientes.

Esta introdução demonstra um compromisso com o esforço de marketing.

Estratégia de marketing
Produto principal e concorrentes

Esta breve descrição dos P/M/T do produto ou serviço principal, juntamente com os dos principais concorrentes, pode mostrar como a estratégia de marketing irá apoiar os pontos fortes do produto ou serviço e explorar os pontos fracos dos concorrentes.

Por exemplo, salientaremos que o nosso plano é único e que é algo que nunca foi oferecido ao público num tal nível de liberdade.

Salientaríamos igualmente o facto de a nossa conceção ser melhor do que a das UPS disponíveis em geral para os clientes. Além disso, mencionamos o facto de fornecermos eletricidade por unidade ao cliente a um preço inferior ao de uma UPS.

Além disso, gostaríamos de mencionar claramente que estamos a visar a classe média/baixa como o nosso principal mercado, com variedade disponível para abranger também uma parte do mercado da classe média alta.

Se identificarmos que o nosso baixo custo é a razão pela qual o nosso produto é atrativo, destacaremos claramente esse facto.

Outra etapa notável seria a atribuição de fundos e a supervisão do tipo de campanha publicitária que está a ser levada a cabo para o produto.

Preço e custos

Identificação do valor

Em primeiro lugar, verificaríamos, através de estudos de mercado, qual o valor e a utilidade do nosso produto.

Comparação com outros produtos
Depois de determinar o valor do nosso produto, compará-lo-íamos com o valor de outros produtos disponíveis no mercado e com os seus preços.

Definição do preço
Conhecendo a posição e o lugar do nosso produto no mercado, fixamos então o preço do nosso produto, não demasiado alto para afugentar o cliente, mas não tão baixo que anule completamente a nossa margem.

Durante a fixação de preços, perguntamos a nós próprios como é que os preços da empresa se comparam com os da concorrência. A estratégia de preços é coerente com a imagem da empresa? Cria valor para os clientes? Qual é a margem de lucro por unidade em vários esquemas de preços? Qual é a política de crédito e é consistente com os padrões de compra no sector? Qual é a política de garantia? E quanto ao serviço pós-venda? Como é que a empresa vai criar e promover relações contínuas com os compradores e incentivar a repetição do negócio?

Distribuição

Os nossos canais de distribuição seriam claramente mencionados como fornecedor principal da empresa e franquias alargadas de clientes.

Os canais de distribuição podem ainda evoluir, permitindo que os lojistas tenham nas suas lojas caixas totalmente carregadas disponíveis para utilização.

Outro método de distribuição que estamos a considerar é a entrega de baterias ao domicílio, utilizando um veículo simples para o efeito. Neste método, o custo do veículo é recuperado através da cobrança de uma taxa extra por cada carregamento.

No entanto, no caso acima referido, estamos a sacrificar a vantagem em termos de custos por uma maior comodidade.

Em suma, quando se trata de distribuição, queremos um acesso fácil para o nosso mercado principal, ou seja, a classe média/baixa.

6. FINANÇAS

Fluxo de caixa

Tabela 2: Fluxo de caixa de 4 anos

Orçamento de tesouraria	Primeiro ano	Segundo ano	Terceiro ano
Desembolsos de caixa			
Salários e Benefícios (Invest.) PKR 2,600,000.00	PKR -	PKR -	
Rent (Invest.)	PKR 240,000.00	PKR 244,800.00	PKR 249,696.00
Maintenance (Invest.)	PKR 96,000.00	PKR 105,600.00	PKR 116,160.00
Solar Panels Cost (Invest.)	PKR 100,000.00	PKR 105,000.00	PKR 110,250.00
Batteries Cost (Invest.) -	PKR 1,400,000.00	PKR	PKR 1,435,000.00
Circuit Cost (Invest.)	PKR 400,000.00	PKR	- PKR -
	PKR 2,920,000.00	PKR 2,993,000.00	PKR 3,067,825.00
Total Cash Disbursements	**PKR 4,836,000.00**	**PKR 455,400.00**	**PKR 1,911,106.00**
Cash Receipts			
Initial Registrations	PKR 1,000,000.00	PKR	PKR - -
Revenue By recharges			
Total Revenue	**PKR 3,920,000.00**	**PKR 2,993,000.00**	**PKR 3,067,825.00**
End of the year balance	**PKR (916,000.00)**	**PKR 2,537,600.00**	**PKR 1,156,719.00**

	Fourth h Year	Fifth Year
Cash Budget		
Cash Disbursements		
Salaries and Benefits	PKR 254,689.92	PKR 259,783.72
Rent	PKR 127,776.00	PKR 140,553.60
Maintenance	PKR 115,762.50	PKR 121,550.63
Solar Panels Cost	PKR -	PKR -
Batteries Cost	PKR -	PKR 1,470,875.00
Circuit Cost	PKR -	PKR -
Total Cash Disbursements	**PKR 498,228.42**	**$ 1,992,762.94**
Cash Receipts		
Initial Registrations	PKR	PKR

Revenue By recharges	PKR 3,144,520.63	PKR 3,223,133.64
Total Revenue	**PKR 3,144,520.63**	**PKR 3,223,133.64**
End of the year balance	**PKR 2,646,292.21**	**PKR 1,230,370.70**

Increment in the salaries by 2%

Increment in the rent by 10%

Increment in present value by 5 %

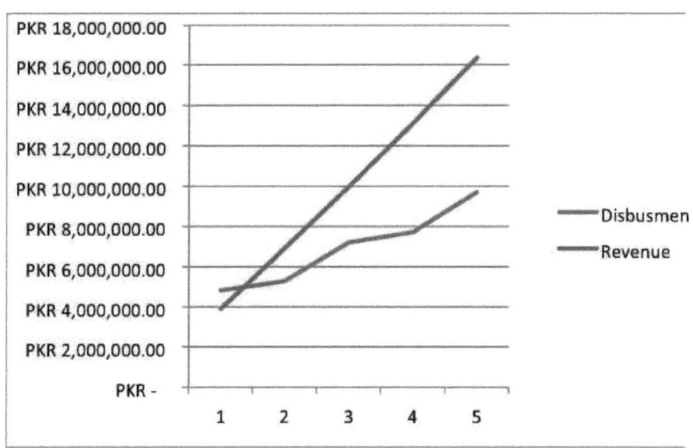

Figura 5: Período de retorno do investimento

Demonstração de resultados

Quadro 3: Orçamento anual até 5 anos

1º ano

Price Elasticity of Demand	
	0
Revenue	Projected
Total Recharge Cycles	73000
Price per Recharge	PKR 40.00
Revenue by recharges	**PKR 2,920,000.00**
Registration	PKR 5,000.00
Revenue by registrations(Dep)	**PKR 100,000.00**
Total Revenue	**PKR 3,020,000.00**
Variable Expenses	Projected
Fixed Expenses	Projected
Salaries and Benefits	PKR 240,000.00
Rent	PKR 96,000.00
Maintenance	PKR 100,000.00
Solar Panels Cost (Dep)	PKR 586,560.00
Batteries Cost (Dep)	PKR 586,560.00
Circuit Cost (Dep)	PKR 586,560.00
Total Fixed Expenses	**PKR 2,195,680.00**

Summary	Projected
Total Revenue	PKR 3,020,000.000
Total Expenses	PKR 2,195,680.00
Net Income	**PKR 824,320.00**

2º Ano

i Elasticidade da procura em relação aos preços

	0
Revenue	Projected
Total Recharge Cycles	73000
Price per Recharge	PKR 41.00
Revenue by recharges	**PKR 2,993,000.00**
Registration	PKR 5,000.00
Revenue by registrations	**PKR 100,000.00**
Total Revenue	**PKR 3,093,000.00**
Variable Expenses	Projected
Fixed Expenses	Projected
Salaries and Benefits	PKR 244,800.00
Rent	PKR 105,600.00
Maintenance	PKR 105,000.00
Solar Panels Cost (Dep)	PKR 586,560.00
Batteries Cost (Dep)	PKR 700,000.00
Circuit Cost (Dep)	PKR 40,000.00
Total Fixed Expenses	**PKR 1,781,960.00**
Summary	Projected
Total Revenue	PKR 3,093,000.000
Total Expenses	PKR 1,781,960.00
Net Income	**PKR 1,311,040.00**

3º Ano

Revenue	Projected
Total Recharge Cycles	73000
Price per Recharge	PKR 42.03
Revenue by recharges	**PKR 3,144,520.63**
Registration	PKR 5,000.00
Revenue by registrations	**PKR 100,000.00**
Total Revenue	**PKR 3,244,520.63**

Variable Expenses	Projected

Fixed Expenses	Projected
Salaries and Benefits	PKR 249,696.00
Rent	PKR 116,160.00
Maintaince	PKR 110,250.00
Solar Panels Cost (Dep)	PKR 586,560.00
Batteries Cost (Dep)	PKR 700,000.00
Circuit Cost (Dep)	PKR 40,000.00
Total Fixed Expenses	**PKR 1,802,666.00**

Summary	Projected
Total Revenue	PKR 3,244,520.625
Total Expenses	PKR 1,802,666.00
Net Income	**PKR 1,441,854.63**

4º Ano

Revenue	Projected
Total Recharge Cycles	73000
Price per Recharge	PKR 43.08
Revenue by recharges	PKR 3,144,520.63
Registration	PKR 5,000.00
Revenue by registrations	PKR 100,000.00
Total Revenue	PKR 3,244,520.63
Variable Expenses	Projected
Fixed Expenses	Projected
Salaries and Benefits	PKR 254,689.92
Rent	PKR 127,776.00
Maintenance	PKR 115,762.50
Solar Panels Cost (Dep)	PKR 586,560.00
Batteries Cost (Dep)	PKR 700,000.00
Circuit Cost (Dep)	PKR 40,000.00
Total Fixed Expenses	PKR 1,824,788.42

Summary	Projected
Total Revenue	PKR 3,244,520.625
Total Expenses	PKR 1,824,788.42
Net Income	PKR 1,419,732.21

5º ano

Revenue	Projected
Total Recharge Cycles	73000
Price per Recharge	PKR 44.15
Revenue by recharges	**PKR 3,223,133.64**
Registration	PKR 5,000.00
Revenue by registrations	**PKR 100,000.00**
Total Revenue	**PKR 3,323,133.64**
Variable Expenses	Projected
Fixed Expenses	Projected
Salaries and Benefits	PKR
Rent	259,783.72
Maintaince	PKR 140,553.60
Solar Panels Cost (Dep)	PKR 121,550.63
	PKR 586,560.00
Batteries Cost (Dep)	PKR 700,000.00
Circuit Cost (Dep)	PKR 40,000.00
Total Fixed Expenses	**PKR 1,848,447.94**
Summary	Projected
Total Revenue	PKR 3,323,133.641
Total Expenses	PKR 1,848,447.94
Net Income	**PKR 1,474,685.70**

Assuming the recharge cycles per year
Incrementing the price to maximize the profit by 2.5 %
Increment in the salaries by 2%
Increment in the rent by 10%
Increment in present value by 5 %

PKR

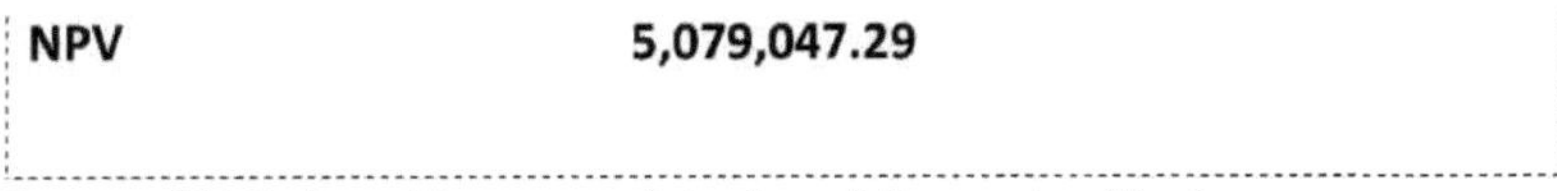

NPV	5,079,047.29

Como o VAL é positivo, o projeto é perfeitamente viável.

Valor da empresa

Valor do negócio após 5 anos 6.654.978,00 PKR

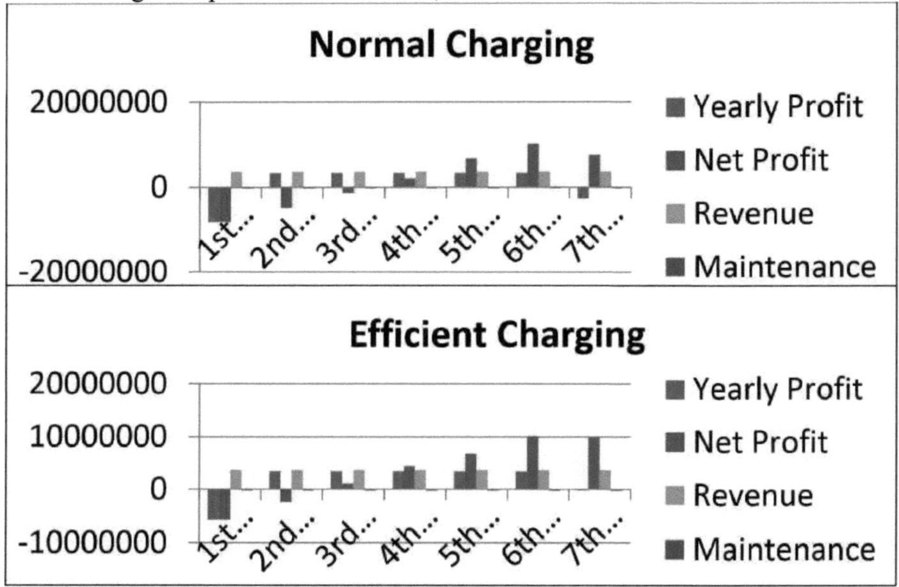

7. ESTRATÉGIA DE SAÍDA

A melhor estratégia de saída no nosso caso seria a liquidação dos activos. No caso de as coisas não correrem de acordo com o nosso plano, o melhor seria vender os activos a diferentes vendedores e pequenas lojas.

O preço dos painéis solares diminui em função do tempo de utilização e pode ser vendido a diferentes lojas de pequena dimensão. No caso das baterias, o custo diminuiria consideravelmente, mas isso não custaria ao investidor, porque o período de amortização das baterias é de dois anos.

O circuito de carregamento seria vendido à loja que já está a fazer negócio no sector dos painéis solares; já discutimos esse cenário com ele.

8. HARDWARE

Introdução

Esta parte é sobre o hardware utilizado no nosso projeto e a implementação e funcionamento do design que utilizamos para o nosso circuito. Abaixo estão listados não só os componentes utilizados no circuito, mas também a implementação do hardware e o seu funcionamento dentro do circuito.

Divisão de Circuitos

A parte de hardware do nosso projeto não é muito complicada. O nosso circuito principal pode ser dividido em 4 partes.

- Inversor
- Bateria
- Carregador
- Indicador

Inversor

O inversor constitui metade da caixa que fornecemos. O seu objetivo é converter a saída DC da bateria em AC para que os aparelhos domésticos habituais possam funcionar com a bateria.

Bateria

A caixa contém uma bateria para armazenar energia. É a segunda parte da caixa.

Carregador

O carregador que desenvolvemos é o mais complicado de todos os componentes de hardware. É altamente eficiente e seguro.

Esta não está presente na caixa.

Indicador

Existe um indicador de carga dentro da caixa, que nos informa sobre o estado atual da caixa, pelo que se pode saber quanto da sua carga permanece na caixa, por assim dizer.

9. INVERSOR

Lista de componentes

Componentes utilizados:

- Transformador 12-220V, 3A com tomada central
- Resistências
- Condensadores
- 4n25 NPN Optoacopladores
- PIC 16f628A
- LM 7805
- IRF 540
- Dissipador de calor

Lista de quantidades e custos dos componentes

Tabela 4: Componentes do inversor

Component	Quantity	Cost
12-220V ,3A transformer with centre tapping	1	350
Resistors	8	48
Capacitors	4	32
4n25 NPN Opto-Couplers	2	38
PIC 16f628A	1	130
LM 7805	1	20
IRF 540	2	90
Heat Sink	1	120

Componente Descrição

Transformador

Foi utilizado um transformador de 220-12V que tem uma leitura de corrente de a 3A. Um transformador é um dispositivo elétrico estático que transfere energia por acoplamento indutivo entre os seus circuitos de enrolamento.

Uma corrente variável no enrolamento primário cria um fluxo magnético variável no núcleo do transformador e, por conseguinte, um fluxo magnético variável através do enrolamento secundário. Este fluxo magnético variável induz uma força eletromotriz variável (fem) ou tensão no enrolamento secundário.

Os transformadores variam em tamanho, desde o tamanho de uma miniatura utilizada em microfones até unidades que pesam centenas de toneladas e que interligam a rede eléctrica.

Uma vasta gama de modelos de transformadores é utilizada em aplicações electrónicas e de energia eléctrica. Os transformadores são essenciais para a transmissão, distribuição e utilização da energia eléctrica.

Resistências

Uma resistência é um componente elétrico passivo de dois terminais que implementa a resistência eléctrica como um elemento de circuito.

A corrente através de uma resistência está em proporção direta com a tensão entre os terminais da resistência. Esta relação é representada pela lei de Ohm.

A relação entre a tensão aplicada através dos terminais de uma resistência e a intensidade da corrente no circuito é designada por resistência, que pode ser considerada uma constante (independente da tensão) para as resistências normais que funcionam dentro dos seus valores nominais. As resistências são elementos comuns das redes eléctricas e dos circuitos electrónicos e estão omnipresentes nos equipamentos electrónicos.

As resistências práticas podem ser feitas de vários compostos e películas, bem como de fio de resistência (fio feito de uma liga de alta resistividade, como o níquel-cromo).

As resistências são também implementadas em circuitos integrados, nomeadamente em dispositivos analógicos, e podem ser integradas em circuitos híbridos e impressos.

A funcionalidade eléctrica de um resistor é especificada pela sua resistência: os resistores comerciais comuns são fabricados numa gama de mais de nove ordens de grandeza. Ao especificar essa resistência num projeto eletrónico, a precisão necessária da resistência pode exigir atenção à tolerância de fabrico da resistência escolhida, de acordo com a sua aplicação específica.

O coeficiente de temperatura da resistência pode também ser um fator de preocupação em algumas aplicações de precisão. As resistências práticas também são especificadas como tendo uma potência nominal máxima que deve exceder a dissipação de potência prevista dessa resistência num determinado circuito: este aspeto é principalmente importante em aplicações de eletrónica de potência. As resistências com potências nominais mais elevadas são fisicamente maiores e podem necessitar de dissipadores de calor. Num circuito de alta tensão, é por vezes necessário prestar atenção à tensão máxima de funcionamento nominal da resistência.

Condensadores

Um condensador (originalmente conhecido como condensador) é um componente elétrico passivo de dois terminais utilizado para armazenar energia num campo elétrico.

As formas dos condensadores práticos variam muito, mas todos contêm pelo menos dois condutores eléctricos separados por um dielétrico (isolante); por exemplo, uma construção comum consiste em folhas metálicas separadas por uma fina camada de película isolante. Os condensadores são amplamente utilizados como partes de circuitos eléctricos em muitos dispositivos eléctricos comuns. Quando existe uma diferença de potencial (tensão) entre os condutores, desenvolve-se um campo elétrico estático através do dielétrico, fazendo com que a carga positiva se acumule numa placa e a carga negativa na outra placa. A energia é armazenada no campo eletrostático.

Um condensador ideal é caracterizado por um único valor constante, a capacitância, medida em farads. Esta é a razão entre a carga eléctrica nos condutores e a diferença de potencial entre eles.

A capacitância é maior quando existe uma separação estreita entre grandes áreas de condutor; por isso, os condutores dos condensadores são frequentemente designados por placas, referindo-se a um meio de construção antigo. Na prática, o dielétrico entre as placas passa uma pequena quantidade de corrente de fuga e tem um limite de intensidade de campo elétrico, resultando numa tensão de rutura, enquanto os condutores e os fios introduzem uma indutância e uma resistência indesejáveis.

4n25 Optoacopladores

DESCRIÇÃO

A família 4N25 é um acoplador de fototransistor de canal único padrão da indústria. Esta família inclui os modelos 4N25, 4N26, 4N27 e 4N28. Cada acoplador ótico é constituído por um LED de infravermelhos de arsenieto de gálio e um fototransístor NPN de silício.

APLICAÇÕES

- Deteção de rede eléctrica AC
- Acionamento do relé Reed
- Feedback da fonte de alimentação em modo de comutação

- Deteção do toque do telefone
- Isolamento de terra lógico
- Acoplamento lógico com rejeição de ruído de alta frequência

PIC 16f628A

DESCRIÇÃO

Os PIC16F627A/628A/648A são membros de 18 pinos baseados em Flash da versátil família PIC16F627A/628A/648A de microcontroladores de 8 bits de baixo custo, alto desempenho, CMOS, totalmente estáticos.

Todos os microcontroladores PIC® utilizam uma arquitetura RISC avançada. Os PIC16F627A/628A/648A têm caraterísticas de núcleo melhoradas, uma pilha profunda de oito níveis e múltiplas fontes de interrupção internas e externas. Os barramentos de instrução e de dados separados da arquitetura Harvard permitem uma palavra de instrução de 14 bits de largura com dados separados de 8 bits de largura. O pipeline de instruções em duas fases permite que todas as instruções sejam executadas num único ciclo, exceto as ramificações de programa (que requerem dois ciclos). Estão disponíveis 35 instruções (conjunto de instruções reduzido), complementadas por um grande conjunto de registos. Os microcontroladores PIC16F627A/628A/648A atingem normalmente uma compressão de código de 2:1 e uma melhoria de velocidade de 4:1 em relação a outros microcontroladores de 8 bits da sua classe.

Os dispositivos PIC16F627A/628A/648A têm caraterísticas integradas para reduzir os componentes externos, reduzindo assim o custo do sistema, aumentando a fiabilidade do sistema e reduzindo o consumo de energia. O PIC16F627A/628A/648A tem 8 configurações de oscilador. O oscilador RC de pino único oferece uma solução de baixo custo. O oscilador LP minimiza o consumo de energia, o XT é um cristal padrão e o INTOSC é um oscilador interno de precisão de duas velocidades autónomo.

O modo HS é para cristais de alta velocidade. O modo EC é para uma fonte de relógio externa. O modo de suspensão (Power-down) permite poupar energia. Os utilizadores podem acordar o chip a partir do modo de suspensão através de várias interrupções externas, interrupções internas e reinicializações. Um temporizador Watchdog altamente fiável com o seu próprio oscilador RC no chip fornece proteção contra bloqueio de software.

CANDIDATURA

A série PIC16F627A/628A/648A adapta-se a aplicações que vão desde carregadores de bateria a sensores remotos de baixa potência. A tecnologia Flash torna a personalização dos programas de aplicação (níveis de deteção, geração de impulsos, temporizadores, etc.) extremamente rápida e conveniente.

As pequenas dimensões dos pacotes tornam esta série de microcontroladores ideal para todas as aplicações com limitações de espaço. O baixo custo, a baixa potência, o elevado desempenho, a facilidade de utilização e a flexibilidade de E/S tornam o

PIC16F627A/628A/648A muito versátil.

LM 7805
DESCRIÇÃO
A série LM78XX de reguladores positivos de três terminais está disponível no encapsulamento TO-220 e com várias tensões de saída fixas, o que os torna úteis numa vasta gama de aplicações. Cada tipo emprega corrente interna, limitação, desligamento térmico e proteção de área de operação segura, tornando-o essencialmente indestrutível.

CANDIDATURA
Se for fornecido um dissipador de calor adequado, podem fornecer mais de 1A de corrente de saída. Embora concebidos principalmente como reguladores de tensão fixa, estes dispositivos podem ser utilizados com componentes externos para obter tensões e correntes ajustáveis.

IRF 540
DESCRIÇÃO
Esta série MOSFET realizada com o processo STripFET exclusivo da STMicroelectronics foi especificamente concebida para minimizar a capacitância de entrada e a carga da porta. Por conseguinte, é adequado como interrutor primário em conversores DC-DC isolados de alta eficiência e alta frequência avançados para aplicações de telecomunicações e informática. Também se destina a quaisquer aplicações com requisitos de acionamento de porta reduzidos.
APLICAÇÕES
- CONVERSORES DC-DC DE ALTA EFICIÊNCIA
- UPS E CONTROLO DE MOTORES

Dissipador de calor
Nos sistemas electrónicos, um dissipador de calor é um componente passivo do permutador de calor que arrefece um dispositivo dissipando o calor para o ar circundante. Nos computadores, os dissipadores de calor são utilizados para arrefecer as unidades centrais de processamento ou os processadores gráficos.
Os dissipadores de calor são utilizados em dispositivos semicondutores de alta potência, como transístores de potência, e em dispositivos optoelectrónicos, como lasers e díodos emissores de luz (LED), sempre que a capacidade de dissipação de calor do conjunto básico do dispositivo é insuficiente para controlar a sua temperatura. Um dissipador de calor é concebido para aumentar a área de superfície em contacto com o meio de arrefecimento que o rodeia, como o ar. A velocidade de aproximação do ar, a escolha do material, o desenho da aleta (ou outra saliência) e o tratamento da

superfície são alguns dos factores que afectam o desempenho térmico de um dissipador de calor.

Os métodos de fixação do dissipador de calor e os materiais da interface térmica também afectam a eventual temperatura da matriz do circuito integrado. O adesivo térmico ou a massa térmica preenchem o espaço de ar entre o dissipador de calor e o dispositivo para melhorar o seu desempenho térmico.

Podem ser utilizados métodos teóricos, experimentais e numéricos para determinar o desempenho térmico de um dissipador de calor.

Conceção

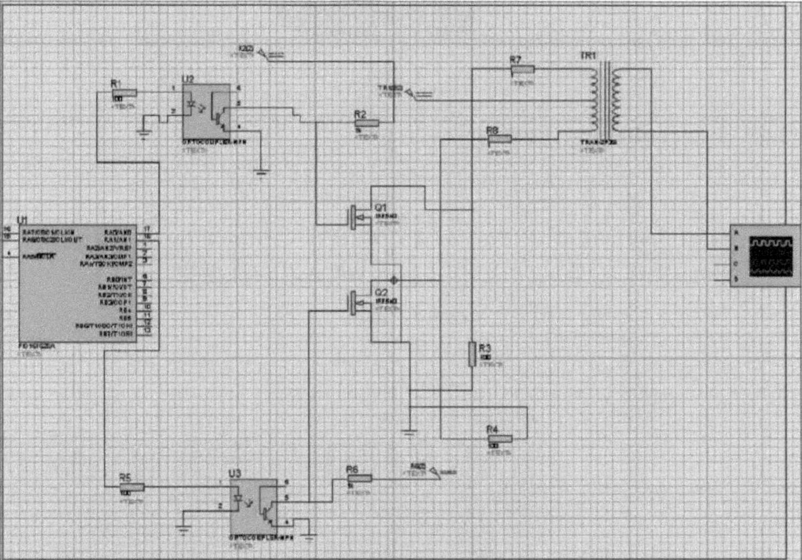

Figura 6: Circuito de simulação do inversor

O desenho da placa de circuito impresso do inversor é apresentado a seguir,

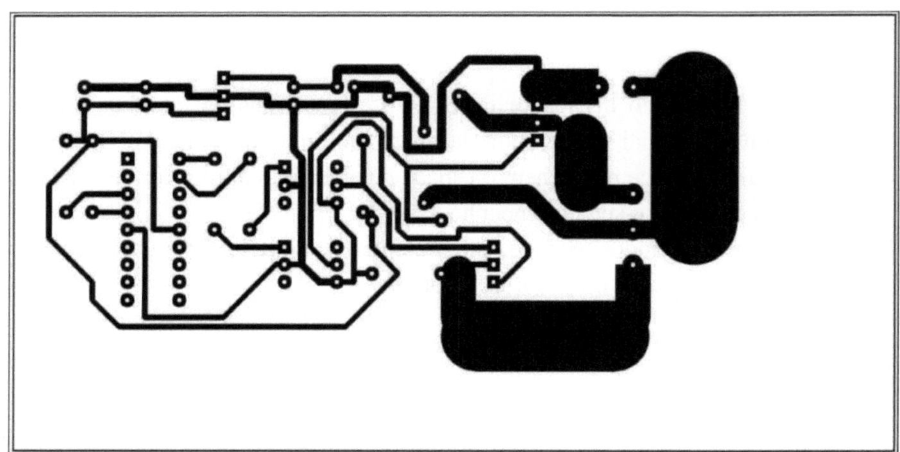

Figura 7: Placa de circuito impresso do inversor

10. BATERIA

Componente Descrição

A BATERIA QUE UTILIZAMOS É UMA BATERIA DE GEL SECO DE **12V** E 120AH, CAPAZ DE DURAR ANOS.

Uma bateria de ciclo profundo é uma bateria de chumbo-ácido concebida para ser regularmente descarregada em profundidade, utilizando a maior parte da sua capacidade. Em contraste, as baterias de arranque (por exemplo, a maioria das baterias de automóveis) são concebidas para fornecer rajadas de corrente curtas e elevadas para arrancar o motor, descarregando assim frequentemente apenas uma pequena parte da sua capacidade.

Embora uma bateria de ciclo profundo possa ser utilizada como bateria de arranque, os "amperes de arranque" mais baixos implicam que pode ser necessária uma bateria de maiores dimensões.

Uma bateria de ciclo profundo é concebida para descarregar entre 50% e 80% da sua capacidade, consoante o fabricante e a construção da bateria.

Embora estas baterias possam ser submetidas a ciclos até uma carga de 20%, o melhor método de duração vs. custo é manter o ciclo médio a cerca de 50% de descarga. Existe uma correlação direta entre a profundidade de descarga da bateria e o número de ciclos de carga e descarga que pode efetuar.

Aplicações

- Proteção catódica, que pode incluir a utilização marítima
- Outras utilizações marítimas, nomeadamente em veleiros sem capacidade de produção de energia, geralmente embarcações mais pequenas
- Motores de corrico para barcos de pesca recreativa
- Empilhadores industriais com propulsão eléctrica e varredoras de chão
- Cadeiras de rodas motorizadas
- Sistemas de armazenamento de energia fora da rede para energia solar ou eólica, especialmente em pequenas instalações para um único edifício
- Alimentação de instrumentos ou equipamentos em locais remotos
- Veículos de recreio
- Baterias de tração para impulsionar veículos, como carrinhos de golfe e outros veículos eléctricos de estrada

- Sinais de trânsito
- Fonte de alimentação ininterrupta ("UPS"), normalmente para computadores e equipamento associado, mas também para bombas de drenagem
- Equipamento de áudio, semelhante a uma UPS, mas também em certos dispositivos de "energia limpa" para fornecer energia limpa de corrente contínua isolada da rede eléctrica pública para inversão em corrente alternada, a fim de maximizar a reprodução do sinal áudio

11. CARREGADOR

Lista de componentes

Componentes utilizados:

- Resistências
- Condensadores
- Conversor Vicor DC-DC (300V-48V; 1000W)
- UC 3906
- 4n25 NPN Optoacopladores
- Ventilador de arrefecimento
- Dissipador de calor

Lista de quantidades e custos dos componentes

Tabela 5: Componentes do carregador

Component	Quantity	Cost
Vicor DC-DC converter (300V-48V; 1000W)	2	11000
Resistors (Including variable resistors)	26	230
Capacitors	10	140
4n25 NPN Opto-Couplers	2	38
UC 3906	1	130
Cooling Fan	1	450
Heat Sink 2 340		

Componente Descrição

Conversor Vicor DC-DC (300V-48V; 1000W)

Descrição

Estes módulos conversores CC-CC utilizam tecnologias avançadas de processamento, controlo e acondicionamento de energia para proporcionar o desempenho, a flexibilidade, a fiabilidade e a rentabilidade de um componente de energia maduro. A comutação ZCS/ZVS de alta frequência proporciona uma elevada densidade de potência com baixo ruído e elevada eficiência.

Aplicações
Sistemas off-line com terminais frontais PFC, controlo industrial e de processos, energia distribuída, medicina, ATE, comunicações, defesa e aeroespacial.

UC3906
DESCRIÇÃO
A série UC3906 de controladores de carregadores de baterias contém todos os circuitos necessários para controlar de forma óptima o ciclo de carga e retenção para baterias de chumbo-ácido seladas.
Estes circuitos integrados monitorizam e controlam a tensão de saída e a corrente do carregador através de três estados de carga separados: um estado de carga em massa de corrente elevada, uma sobrecarga controlada e uma carga flutuante de precisão, ou estado de espera. As condições óptimas de carga são mantidas ao longo de uma gama alargada de temperaturas com uma referência interna que segue as caraterísticas de temperatura nominal da célula de chumbo-ácido. Um requisito típico de corrente de alimentação em standby de apenas 1,6 mA permite que estes CIs monitorizem de forma previsível as temperaturas ambiente. Amplificadores separados de loop de tensão e de limite de corrente regulam a tensão de saída e os níveis de corrente no carregador, controlando o driver integrado. O controlador fornecerá até 25 mA de potência de base a um dispositivo de passagem externo.
Os comparadores de deteção de tensão e corrente são utilizados para detetar o estado da bateria e responder com entradas lógicas para a lógica do estado de carga. Um comparador de ativação de carga com uma saída de polarização de gotejamento pode ser utilizado para implementar um modo de ativação de corrente baixa do carregador, impedindo o carregamento de corrente elevada durante condições anormais, como uma célula de bateria em curto-circuito. Outras caraterísticas incluem um circuito de deteção de subtensão de alimentação com uma saída lógica para indicar quando a energia de entrada está presente. Além disso, o estado de sobrecarga do carregador pode ser monitorizado externamente e terminado utilizando a saída de indicação de sobrecarga e a entrada de terminação de sobrecarga. *Aplicação*

> Controlo ótimo para uma capacidade e vida útil máximas da bateria

> A lógica de estado interna proporciona três estados de carga

> A referência de precisão monitoriza os requisitos da bateria ao longo da temperatura

> Controla tanto a tensão como a corrente na saída do carregador

> Funções da interface do sistema

> Corrente de alimentação típica em standby de apenas 1,6 mA

Conceção

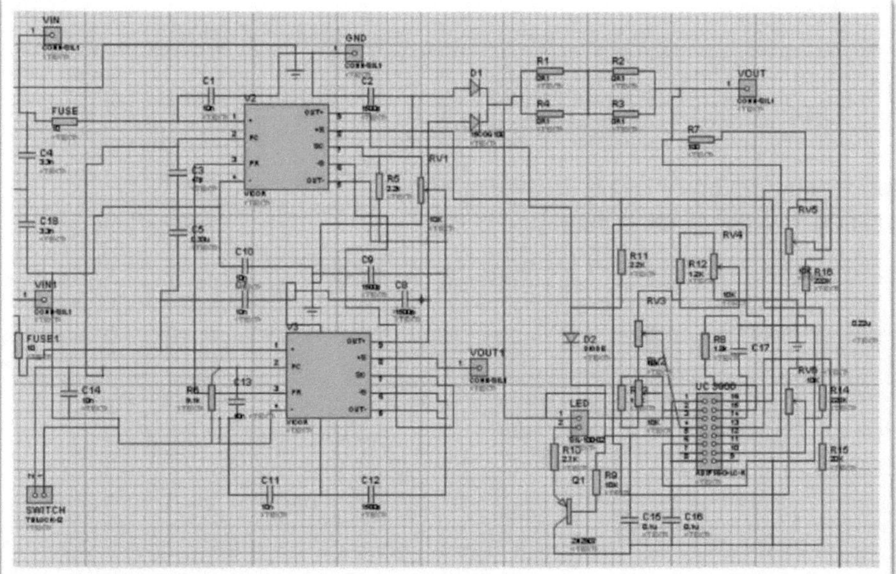

Figura 8: Circuito de simulação do carregador

12. INDICADOR

Lista de componentes

Componentes utilizados:

- Resistências
- LM
- 3914
- LEDs
-

Lista de quantidades e custos dos componentes

Tabela 6: Componentes do indicador

Component	Quantity	Cost
LM 3914	1	110
Resistors (Including variable resistors)	13	115
LEDs 10 50		

Componente Descrição

LM 3914

DESCRIÇÃO

O LM3914 é um circuito integrado (IC) utilizado para operar ecrãs que mostram visualmente a magnitude de um sinal elétrico analógico.

O chip pode acionar até 10 LEDs, LCDs ou ecrãs fluorescentes de vácuo nas suas saídas. A escala linear dos limiares de saída torna o dispositivo utilizável, por exemplo, como um voltímetro. Este CI foi concebido pela National Semiconductor. Na configuração básica, ele fornece uma escala de dez passos que pode ser expandida para vinte passos com outro CI.

Este circuito integrado foi introduzido pela National Semiconductor em 1980 e ainda está disponível a partir de 2013 na Texas Instruments. Um único dispositivo dá dez passos, mas dois circuitos integrados podem ser interligados para dar um ecrã de 20 passos.

CANDIDATURA

Internamente, cada dispositivo contém dez comparadores e uma rede de escala de resistências, bem como uma fonte de referência de 1,2 volts.

À medida que a tensão de entrada aumenta, cada comparador liga-se. O dispositivo pode ser configurado para um modo de gráfico de barras, em que todos os terminais de saída inferiores se ligam, ou para o modo de "ponto", em que apenas uma saída se liga.

Conceção

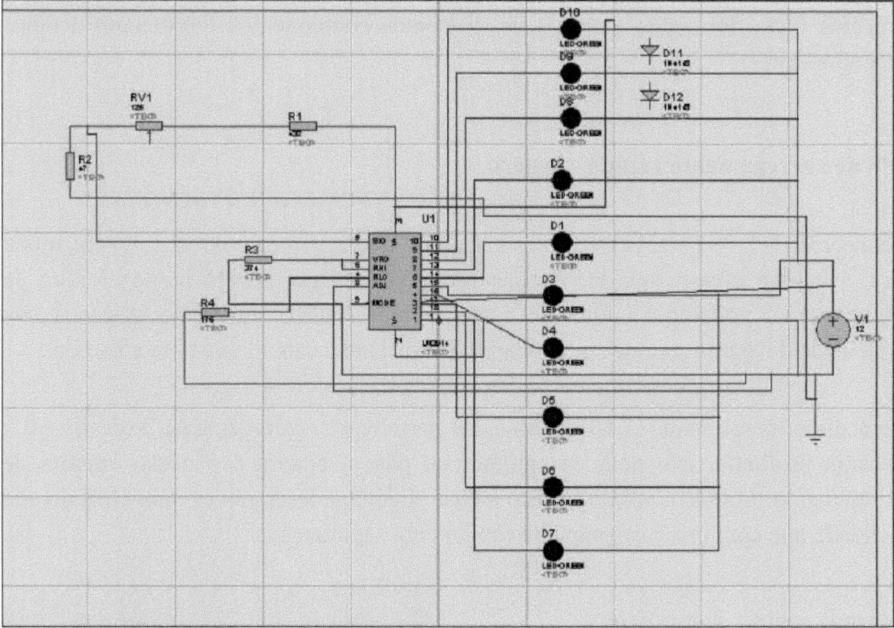

Figura 9: Indicador de carga da bateria

13. PROJECTOS FUTUROS

A conceção do nosso projeto é modular, pelo que pode ser facilmente adaptada a vários projectos úteis diferentes, se os seus diferentes componentes forem considerados separadamente.

UPS de carregamento rápido e seguro

A conceção da UPS geralmente utilizada suporta o carregamento normal. Assim, numa hora, a bateria é carregada até apenas 18%. No entanto, com o nosso circuito de carregamento, podemos facilmente carregar uma bateria até 63%, graças à sua capacidade de extrair grandes quantidades de corrente e canalizá-la para a bateria.

Além disso, geralmente as UPS utilizadas permitem o carregamento excessivo e a descarga profunda. Isto pode ser prejudicial para a bateria e o nosso circuito de carregamento protege contra isso. Em suma, podemos desenvolver uma UPS de alta qualidade que combina carregamento rápido com segurança.

Sistemas solares domésticos

O conceito de carregamento rápido pode também revelar-se muito útil para os sistemas solares domésticos em rápido crescimento, nos quais é necessário ter energia suficiente armazenada na bateria durante o dia para funcionar durante a noite.

Esta conceção permite que as baterias fiquem totalmente carregadas a um ritmo extremamente rápido e que esta energia possa ser utilizada mais tarde durante a noite.

Conclusão

A nossa ideia é permitir que o sector privado, especialmente a classe média de colarinho branco, possa investir e contribuir para o sector da energia, mas também que possa prosperar com ele. Desta forma, se formos bem sucedidos, não só proporcionaremos meios de subsistência a milhões de pessoas, como também ajudaremos a resolver a crise energética do país. Além disso, poderemos estabelecer o conceito de energia do povo para o povo no nosso país.

Referências

- The Institution of Engineering &Technology: Michael Faraday
- Em 1881, sob a direção de Jacob Schoellkopf, foi construída a primeira central hidroelétrica nas Cataratas do Niágara.
- Estação de Pearl Street: O alvorecer da energia eléctrica comercial
- Caçador&Bryantl991
- World Watch Institute (janeiro de 2012). "Uso e capacidade de aumentos globais de energia hidrelétrica".
- Renewables 2011 Global Status Report, página 25, Hydropower, *REN21,* publicado em 2011, acedido em 2011-11- - "History of Hydropower". Departamento de Energia dos EUA.
- "Energia Hidroelétrica". Enciclopédia da Água.
- New World Record Achieved in Solar Cell Technology (comunicado de imprensa, 2006-12-05), U.S. Department of Energy.
- World's Largest Utility Battery System Installed in Alaska (comunicado de imprensa, 2003-09-24), U.S. Department of Energy. "13.670 células de bateria de níquel-cádmio para gerar até 40 megawatts de energia durante cerca de 7 minutos, ou 27 megawatts de energia durante 15 minutos."

Printed by Books on Demand GmbH, Norderstedt / Germany